Padmini R
Shanthini Devi S
Sivaranjani D

# ACTIVIDADE FITOQUÍMICA E ANTIBACTERIANA INVITRO DE PAPAVER SOMNIFERUM

Padmini R
Shanthini Devi S
Sivaranjani D

# ACTIVIDADE FITOQUÍMICA E ANTIBACTERIANA INVITRO DE PAPAVER SOMNIFERUM

ScienciaScripts

**Imprint**

Any brand names and product names mentioned in this book are subject to trademark, brand or patent protection and are trademarks or registered trademarks of their respective holders. The use of brand names, product names, common names, trade names, product descriptions etc. even without a particular marking in this work is in no way to be construed to mean that such names may be regarded as unrestricted in respect of trademark and brand protection legislation and could thus be used by anyone.

Cover image: www.ingimage.com

This book is a translation from the original published under ISBN 978-620-7-65214-3.

Publisher:
Sciencia Scripts
is a trademark of
Dodo Books Indian Ocean Ltd. and OmniScriptum S.R.L publishing group

120 High Road, East Finchley, London, N2 9ED, United Kingdom
Str. Armeneasca 28/1, office 1, Chisinau MD-2012, Republic of Moldova, Europe
Managing Directors: Ieva Konstantinova, Victoria Ursu
info@omniscriptum.com

Printed at: see last page
**ISBN: 978-620-8-51472-3**

# 1. INTRODUÇÃO

As plantas fornecem muitos nutrientes e metabolitos que são diretamente assimilados pelos seres humanos ou utilizados como matéria-prima em diferentes indústrias. Recentemente, foram utilizadas novas tecnologias de melhoramento de plantas para obter uma multiplicidade de caraterísticas benéficas, como o aumento da produção de metabolitos e nutrientes e a resistência a tensões severas (YagizAlagozet.al, 2016).

As plantas têm sido utilizadas para benefício humano desde tempos imemoriais. No mundo em desenvolvimento, 70-80% da população depende das plantas para os cuidados de saúde primários. A utilização de plantas como medicamento está a aumentar lentamente no mundo desenvolvido porque têm efeitos secundários reduzidos ou inexistentes. Embora haja uma ampla utilização da fitoterapia, o conhecimento tradicional sobre a utilização de plantas medicinais é influenciado pela rápida urbanização, migração, alterações climáticas e pelo número crescente de sistemas de saúde modernos em todo o mundo, incluindo no Nepal. A utilização tradicional de plantas pelas comunidades indígenas reflecte os aspectos culturais, bem como os elementos biodinâmicos que têm um imenso potencial farmacológico para curar muitas doenças (Dol Raj Luitel et.al, 2014). A utilização de medicamentos tradicionais à base de plantas está associada a disfunções do fígado e dos rins nos seres humanos (G. Anywar et.al, 2021).

Segundo a Organização Mundial de Saúde (OMS), 65-80% da população mundial recorre aos medicamentos tradicionais para satisfazer as suas necessidades de cuidados de saúde primários. Além disso, o aparecimento de múltiplas estirpes de microrganismos resistentes a medicamentos devido à utilização indiscriminada de antibióticos no tratamento de doenças infecciosas gerou um interesse renovado pela fitoterapia. Os efeitos benéficos para a saúde de muitas plantas, utilizadas durante séculos como agentes condimentares em alimentos e bebidas, têm sido reivindicados para prevenir a deterioração dos alimentos e como antimicrobianos contra microrganismos patogénicos. O potencial antimicrobiano de diferentes plantas medicinais está a ser amplamente estudado em todo o mundo (Gurinder J Kaur&Daljit S Arora, 2009).

As plantas fornecem não só os nutrientes essenciais necessários à vida, mas também outros fitoquímicos bioactivos que contribuem para a promoção da saúde e a prevenção de doenças. Embora se tenha pensado durante muito tempo que os macro e micronutrientes das plantas eram um dos componentes essenciais para a saúde humana, os fitoquímicos surgiram recentemente como moduladores das principais vias de sinalização celular. Os fitoquímicos, frequentemente designados por metabolitos secundários, são compostos químicos não nutritivos produzidos pelas plantas através de várias vias químicas. Estudos recentes demonstraram que um grande número de fitoquímicos pode ser benéfico para o funcionamento das células humanas (SunyongYoo et.al, 2018).

Na Índia, os fitoquímicos, bem como as plantas medicinais, continuam a ser a fonte mais abundante de cuidados de saúde e de melhoria de vida desde há muito tempo. A Índia é a fonte mais rica de plantas medicinais tradicionais com as suas receitas. Na Índia, as terapias médicas Ayurveda, Unani e Siddha estão a desempenhar um papel muito importante na sociedade desde a antiguidade. A Ayurveda tem aproximadamente 5000 anos e utiliza predominantemente fitoquímicos nas suas preparações e fórmulas. Atualmente, na era moderna, cerca de 24%-27% dos medicamentos são derivados de fontes vegetais. Também foram desenvolvidos vários fármacos sintéticos como análogos/protótipo dos fitoquímicos naturais, que servem de compostos principais para estes fármacos sintéticos (Monika Thakur, RenuKhedkar, 2020). Além disso, as plantas medicinais contêm muitos fitoquímicos, como flavonóides, alcalóides, taninos e terpenóides, que possuem propriedades antimicrobianas.

A resistência antimicrobiana (RAM) é atualmente uma das principais ameaças que a humanidade enfrenta (*MadubuikeUmunnaAnyanwu, Rosemary ChinazamOkoye*). As doenças infecciosas são reconhecidas como uma das principais fontes de morbilidade e mortalidade no mundo. Os compostos antimicrobianos que podem retardar o crescimento microbiano ou causar mortalidade microbiana com toxicidade mínima para as células hospedeiras são uma campanha deliberada para promover substâncias antimicrobianas (SamanehKarimiet.al, 2019).

A necessidade de novos agentes antimicrobianos tem aumentado drasticamente. As plantas são consideradas uma das fontes mais promissoras para a descoberta de novos agentes antimicrobianos. Apesar da área relativamente pequena, a Arménia tem uma grande diversidade de flora com muitas espécies endémicas. Na medicina popular arménia, os materiais vegetais têm sido utilizados para tratar várias doenças microbianas desde tempos antigos (Mikayel-Ginovyanet.al, 2017). A atividade antimicrobiana de algumas plantas medicinais utilizadas na Ayurveda e no sistema medicinal tradicional para o tratamento de manifestações causadas por microrganismos (Rajesh Dabur et.al, 2007).

*A papoila do ópio* (*Papaversomniferum* L.) é considerada uma das primeiras plantas medicinais conhecidas pela humanidade. Derivada do nome grego "opos" que significa sumo, referindo-se ao seu látex psicotrópico, a planta era conhecida e amplamente utilizada desde a Antiguidade durante rituais religiosos e para fins médicos, principalmente como agente hipnótico e analgésico. Na medicina popular cretense, foi recomendada, juntamente com outras papoilas, até ao início do século XX, para induzir a sedação das crianças, com o nome de "*Hypnos*", que significa sono. O remédio *Hypnos* (que significa sono em grego) da medicina tradicional cretense está relacionado com a utilização popular da planta da papoila para induzir o sono em bebés e crianças (KleopatraMathianaki et.al, 2021).

*A Papaversomniferum*, vulgarmente conhecida como Khashkhash /Afyon, pertence à família *Papaveraceae*. A papoila *do ópio (Papaversomniferum)* produz alguns dos alcalóides medicinais mais utilizados, como a morfina, a codeína, a tebaína e a porfiroxina, que são os componentes mais importantes desta planta. Para além destes alcalóides, a papoila do ópio produz aproximadamente oitenta alcalóides pertencentes a várias classes derivadas da tetrahidrobenzilisoquinolina. Sabe-se há mais de um século que os alcalóides morfinanos se acumulam no látex da papoila do ópio (MasihuddinMasihuddin et.al, 2018)

É uma planta herbácea antiga e um recurso médico bem conhecido na indústria farmacêutica. No entanto, as papoilas do ópio são cultivadas em todo o mundo para a produção de drogas ilícitas, aumentando significativamente a incidência do abuso de estupefacientes (Miwha Changet.al, 2021).

O ópio tem sido utilizado como base para a classe de fármacos opióides utilizados para suprimir o sistema nervoso central. Os efeitos dos opiáceos são analgésicos, hipnóticos, antitússicos, gastrointestinais, cognitivos, depressão respiratória, perturbação neuromuscular e disfunção sexual. Também se refere ao seu potencial como veneno (MojtabaHeydariet.al., 2013). Durante milhares de anos, o ópio foi o principal remédio contra a dor. As suas propriedades analgésicas são conhecidas desde a antiguidade, bem como os seus efeitos estupefacientes, narcóticos e viciantes (Rev Hist Pharm (Paris).2010). *A Papaversomniferum* L. é uma importante planta medicinal que produz fármacos analgésicos utilizados para as dores causadas por cancros e cirurgias (Zhaoping Zhanget.al, 2020).

No Irão, tal como em muitos outros países asiáticos e do Médio Oriente, há quem acredite que o ópio tem efeitos benéficos no sistema cardiovascular. Os doentes dependentes supõem que o ópio tem efeitos positivos na função cardiovascular e pode prevenir ou melhorar as doenças cardiovasculares; no entanto, foram efectuados poucos estudos exaustivos para avaliar esses efeitos (SamanehNakhaee et.al, 2020).

Há vários milhares de anos que os opiáceos são utilizados na medicina popular e como euforizantes recreativos. Atualmente, os alcalóides morfina e codeína - os principais ingredientes activos do látex da papoila do ópio - são utilizados na medicina como analgésicos, e a heroína, um derivado acetilado da morfina, é uma substância comum de abuso de drogas (Johan Memelink., 2004).

Analgésicos à base de morfina da *papoila do ópio*. Ao longo da história, *a papoila do ópio (Papaversomniferum L.)* tem sido simultaneamente amiga e inimiga da civilização humana. Utilizada desde o Neolítico, a seiva, conhecida como ópio, contém vários alcalóides, incluindo morfina e codeína, com efeitos que vão desde o alívio da dor e a supressão da tosse até à euforia, sonolência e dependência. Os analgésicos à base de opiáceos continuam a ser um dos tratamentos mais eficazes e baratos para o alívio de várias dores e para os cuidados paliativos, mas, devido às suas propriedades viciantes, é essencial uma prescrição médica cuidadosa para evitar a utilização indevida (Li Guo et.al, 2018).

*A papoila do ópio (Papaver Somiferum)* também produz vários outros alcalóides benzilisoquinolínicos com propriedades farmacológicas potentes, incluindo o vasodilatador papaverina, o supressor da tosse e potencial medicamento anticancerígeno noscapina e o agente antimicrobiano sanguinarina. A papoila do ópio tem servido como um sistema modelo para investigar a biossíntese de alcalóides de benzilisoquinolina em plantas (Guillaume A W Beaudoin , Peter J Facchini., 2014).

O ópio é conhecido há milénios por aliviar a dor e a sua utilização para analgesia cirúrgica está registada há vários séculos. A tábua de argila suméria (cerca de 2100 a.C.) é considerada a mais antiga lista de prescrições médicas registada no mundo. Alguns estudiosos acreditam que a papoila do ópio é referida na tábua. Alguns objectos da antiga cultura minóica grega podem também sugerir o conhecimento da papoila (Svend Nornet.al., 2005).

## 2. FINALIDADE E OBJECTIVOS

Por conseguinte, o objetivo da nossa investigação é avaliar o rastreio fitoquímico preliminar e a atividade antimicrobiana do extrato etanólico da folha da papoila do ópio (*Papaver Somniferum*). Os objectivos são os seguintes,

- Avaliar o rastreio fitoquímico preliminar do extrato etanólico da folha da papoila do ópio (*PapaverSomniferum*).
- Avaliar a atividade antimicrobiana do extrato etanólico da folha da papoila do ópio (*PapaverSomniferum*).

# 3. REVISÃO DA LITERATURA

A papoila do ópio (*Papaversomniferum L.*), uma planta medicinal conhecida pela raça humana desde as civilizações antigas, continua a ser cultivada em todo o mundo para a produção de opiáceos farmacêuticos e heroína. Enquanto a palha de papoila colhida no cultivo é geralmente utilizada por entidades farmacêuticas, a seiva líquida ou seca (conhecida como látex ou goma de ópio, obtida por lancetagem da superfície externa das vagens de papoila) é o material de partida para a produção clandestina de heroína. A composição alcaloide do ópio pode variar devido a diferenças agronómicas, climáticas ou de cultivar. A caraterização genética da *PapaverSomniferum L.* (papoila do ópio) centrou-se em grande medida na compreensão e exploração das vias metabólicas que influenciam a produção de alcalóides (Michael A. Marcianoet.al., 2018).

É uma das culturas medicinais mais importantes do ponto de vista agronómico e económico, com poderosas caraterísticas farmacológicas. A papoila *do ópio* produz numerosos metabolitos secundários, como os alcalóides benzilisoquinolínicos (BIA), incluindo a noscapina, a morfina, a codeína, a papaverina e a sanguinarina. Nas plantas, os miRNAs desempenham um papel regulador fundamental em muitos processos biológicos, incluindo a resposta a stresses ambientais como a seca, a salinidade, o arrefecimento, os danos mecânicos e os processos de desenvolvimento como a morfogénese das flores e das raízes (FarshadDavoodiMastakani et.al, 2018).

## 3.1. FITOTERAPIA: UM DOMÍNIO EM CRESCIMENTO COM UMA LONGA TRADIÇÃO:

A medicina tradicional é "o conhecimento, as competências e as práticas baseadas nas teorias, crenças e experiências indígenas de diferentes culturas, utilizadas na manutenção da saúde e na prevenção, diagnóstico, melhoria ou tratamento de doenças físicas e mentais" (Organização Mundial de Saúde.

Existem muitos sistemas diferentes de medicina tradicional, e a filosofia e as práticas de cada um são influenciadas pelas condições prevalecentes, pelo ambiente e pela área geográfica em que evoluíram inicialmente (OMS 2005), no entanto, uma filosofia comum é uma abordagem holística da vida, o equilíbrio da mente, do corpo e do ambiente, e uma ênfase na saúde e não na doença. Geralmente, o foco está no estado geral do indivíduo, em vez de na doença ou enfermidade específica de que o paciente está a sofrer, e a utilização de ervas é uma parte essencial de todos os sistemas de medicina tradicional (SissiWachtel-Galor e Iris F. F. Benzie, 2011).

## 3.2.LIBERTAR A DOSE PARA DOENÇAS RESPIRATÓRIAS:

Laūq é uma forma de dosagem farmacêutica que tem sido usada principalmente para o tratamento de vários distúrbios respiratórios na medicina tradicional persa. É importante sob 2 aspectos: uma forma de dosagem com entrega eficiente e óptima de medicamentos ao trato respiratório e efeitos biológicos dos seus ingredientes. Foi demonstrado que a medicina natural em laūq actua nas doenças respiratórias através das suas actividades antitússica, antialérgica, anti-inflamatória, antioxidante, espasmolítica e antibacteriana. Alguns destes remédios naturais actuam através da maioria dos mecanismos mencionados, tais como Cydoniaoblonga, Glycyrrhizaglabra, Crocus sativus, Hyssopusofficinalis, Foeniculumvulgare e mel. No entanto, as provas são limitadas, incluindo Cassia fistula, *Papaversomniferum* e Drimiamaritima. De acordo com os aspectos farmacocinéticos e farmacodinâmicos positivos dos laūqs, eles podem ser considerados como formas de dosagem eficientes para a entrega de medicamentos ao trato respiratório (HosseinKaregar-Borziet.al., 2016).

### 3.3. USO DO ÓPIO NA CULTURA ANTIGA:

O ópio representa o látex seco que contém opiáceos, obtido do fruto maduro da papoila *do ópio, papaversomniferum.* A morfina e os seus precursores biossintéticos, a tebaína e a codeína, são os principais alcalóides opiáceos bioactivos contidos no ópio e no seu extrato alcoólico, o láudano. A utilização do ópio nas sociedades antigas está bem documentada. Por exemplo, a tábua de argila suméria (cerca de 2100 a.C.) é considerada uma das mais antigas listas de prescrições médicas registadas no mundo antigo e parece fazer referência ao consumo de ópio (George B. Stefanoet.al, 2017).

### 3.4. UTILIZAÇÃO DO ÓPIO COMO ANALGÉSICO/ANESTÉSICO CIRÚRGICO:

Antes do desenvolvimento da anestesia geral, a cirurgia era efectuada apenas em caso de extrema necessidade. É provável que um analgésico como o ópio fosse administrado durante ou após a cirurgia; no entanto, os registos deste tipo de utilização na antiguidade têm-se revelado ilusórios. [th]A este respeito, no século XIII, o monge e médico Teodorico descreveu *a spongiasomnifera* como uma mistura de várias substâncias narcóticas contendo mandrágora, henbane, amoreira, alface e cicuta. De acordo com Bergman (1998), os ingredientes eram cozidos numa esponja que era depois cheirada pelo sujeito antes da cirurgia como uma forma inicial de anestesia/analgesia. O médico suíço-alemão Paracelso (1493-1541) referiu-se a esta droga como a "pedra da imortalidade" (George B. Stefano et.al, 2017).

### 3.5. TERAPIA COM OPOIDES:

O sistema opióide endógeno é composto por uma vasta gama de receptores e ligandos que estão presentes em todo o sistema nervoso central e periférico, no trato gastrointestinal e no sistema imunitário. Isto explica a multiplicidade de funções fisiológicas pelas quais é responsável, incluindo a analgesia, a regulação do humor e a modulação da resposta ao stress. Desempenha também um papel fundamental na modulação do centro de recompensa do cérebro, com implicações comportamentais e sociais nas perturbações do humor e na dependência. A terapia com opiáceos exógenos sequestra o sistema endógeno e altera as suas funções, contribuindo para um desequilíbrio que é responsável pela patogénese de vários estados de doença (TarekToubia , TarekKhalife., 2019).

## 3.6. BIOSSÍNTESE DE ALCALÓIDES DE BENZILISOQUINOLINA:

A papoila do ópio continua a ser a única fonte comercial dos analgésicos narcóticos morfina, codeína e análogos semi-sintéticos, incluindo a oxicodona, a hidrocodona, a buprenorfina e a naltrexona. Outros alcalóides benzilisoquinolínicos (BIA) de importância farmacêutica encontrados na papoila do ópio incluem o agente antimicrobiano sanguinarina, o relaxante muscular papaverina e o supressor da tosse e potencial medicamento anticancerígeno noscapina. Muitos BIAs de importância farmacêutica possuem um ou mais centros quirais, o que impede que a síntese química seja uma opção economicamente viável para a produção comercial. Para além da sua importância farmacêutica, a papoila do ópio é também cultivada como fonte ilícita de morfina, que é facilmente convertida em *O,O-diacetilmorfina*, ou heroína. A papoila do ópio é um exemplo clássico de tecnologia de dupla utilização, através da qual são produzidos compostos de grande valor positivo e negativo para a humanidade (Guillaume A. W. Beaudoin&Peter J. Facchini., 2014).

## 3.7. EFEITOS DA *PAPAVER SOMNIFERUM*:

Os efeitos da papoila do ópio, *Papaversomniferum*, são conhecidos desde a maior parte da história da humanidade. No final do terceiro milénio a.C., os sumérios foram a primeira civilização a cultivar ópio, que rapidamente foi distribuído por todo o mundo antigo. As utilizações medicinais da papoila do ópio foram descritas pela primeira vez nos manuais de medicina dos antigos médicos gregos, incluindo Dioscórides (40-90 d.C.) e Galeno (129-200 d.C.), e mais tarde, no período medieval, por um famoso académico persa chamado Avicena (980-1037 d.C.). No Cânone *de Medicina*, Avicena descreveu claramente a atividade analgésica do ópio e explicou que o ópio pode ser utilizado para tratar qualquer tipo de dor devido às suas fortes propriedades anestésicas e sedativas. Recomendou a prescrição de ópio para o alívio da dor em dores de cabeça crónicas refractárias, artralgia, dor de dentes, otalgia e outras condições dolorosas, através de diferentes vias de administração do medicamento, incluindo oral, tópica, rectal e intranasal (Majid Dadmehr, Mohsen Bahrami., 2020).

### 3.8. FONTE DE *PAPAVER SOMNIFERUM*:

*A Papaversomniferum* L. é cultivada para a indústria farmacêutica como fonte de morfina, codeína, tebaína e oripavina como matérias-primas narcóticas (NRM). As MNR são extraídas da palha de papoila, a partir da qual a indústria farmacêutica sintetiza ingredientes farmacêuticos activos como o sulfato de morfina, o fosfato de codeína, a hidrocodona e a naloxona. *A Papaversomniferum* L. é uma planta herbácea que, quando cultivada no Hemisfério Sul, é geralmente semeada em julho, com a cultura gerida entre agosto e dezembro, e colhida entre janeiro e abril. Esta última fase inclui a colheita, a avaliação da qualidade da cultura e o pagamento. No Hemisfério Norte, a cultura é geralmente semeada no final do outono/início do inverno. Um subproduto do processo de colheita da palha de papoila é a semente de papoila. Esta fonte de sementes de papoila é utilizada pela indústria alimentar e estas sementes são incluídas em bolos, em produtos de panificação e vendidas a supermercados e lojas especializadas para utilização em receitas de cozinha/cozedura (Michelle G. Carlinet.al.,2017).

### 3.9. EFEITOS ANTICANCERÍGENOS DA *PAPAVER SOMNIFERUM*:

A papaverina, um alcaloide não narcótico do ópio (Figura 1), é isolada da *Papaversomniferum*. A papaverina medicinal, que é utilizada como relaxante do músculo liso no tratamento do vasoespasmo e da disfunção erétil, funciona através da inibição da fosfodiesterase 10A. A papaverina apresenta efeitos anticancerígenos selectivos em vários tipos de células tumorais. Além disso, a papaverina reduziu o volume tumoral num modelo de rato xenoenxertado GBM U87MG humano (MANA INADA et.al.,2019).

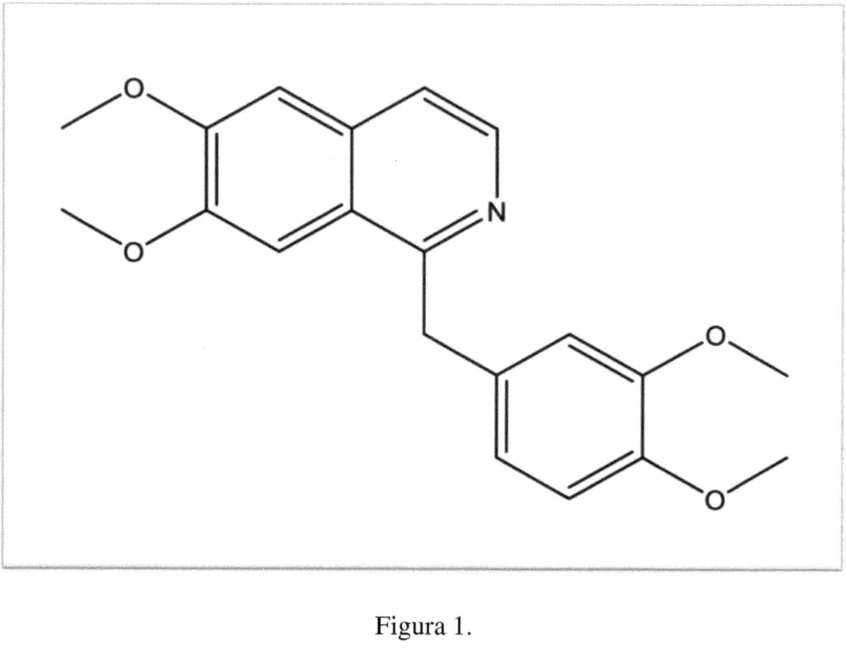

O
O
N
O
O

Figura 1.

Estrutura química do alcaloide não narcótico do ópio papaverina

## 3.10. ÓPIO UTILIZADO COMO TRATAMENTO EM VÁRIOS PAÍSES:

Tradicionalmente, no Irão, os idosos utilizam o ópio para aliviar as dores. No Afeganistão, as mulheres tecedeiras de tapetes também utilizam o ópio para aliviar as suas dores e acalmar os seus filhos. Os marroquinos utilizam-no para tratar a tosse, a diarreia e as dores físicas. Mesmo nalgumas partes do Reino Unido e dos Estados Unidos, foi relatada a utilização local de ópio para doenças pediátricas, e há relatos de utilização de ópio na Turquia (MohadeseKamaliet.al., 2021).

## 3.11. ANÁLISE FITOQUÍMICA:

A importância das plantas é bem conhecida. O reino vegetal é um tesouro de potenciais medicamentos e, nos últimos anos, tem-se registado uma sensibilização crescente para a importância das plantas medicinais. Os medicamentos provenientes das plantas estão facilmente disponíveis, são menos dispendiosos e raramente têm efeitos secundários.

As plantas medicinais contêm alguns compostos orgânicos que proporcionam uma ação fisiológica definida no corpo humano e estas substâncias bioactivas incluem taninos, alcalóides, hidratos de carbono, terpenóides, esteróides e flavonóides. Estes compostos são sintetizados pelo metabolismo primário e secundário dos organismos vivos. Os metabolismos secundários são compostos química e taxonomicamente extremamente diversos com funções obscuras. São amplamente utilizados na terapia humana, veterinária, agricultura, investigação científica e em inúmeras outras áreas. Um grande número de fitoquímicos pertencentes a várias classes químicas demonstrou ter efeitos inibitórios em todos os tipos de microrganismos in vitro. Os produtos vegetais fazem parte dos fitomedicamentos desde tempos imemoriais. Podem ser derivados de cascas, folhas, raízes, frutos, sementes (RNS Yadav e MuninAgarwala., 2011).

A prática de tratar várias doenças utilizando plantas medicinais é tão antiga como uma civilização antiga. Os metabolitos secundários presentes nas plantas são predominantemente responsáveis pelo tratamento de várias doenças. Os metabolitos secundários são também designados por constituintes das plantas ou compostos naturais que exercem efeitos farmacológicos e toxicológicos significativos na humanidade. Os compostos químicos presentes nas fontes vegetais são classificados como metabolitos primários e secundários com base na estrutura química e na derivação biossintética. Os metabolitos secundários apresentam diferentes séries de atividade farmacológica que podem ser classificadas com base na sua estrutura química e nos grupos funcionais presentes. Os metabolitos secundários mais importantes incluem terpenóides, fenólicos, flavonóides, alcalóides e glicosídeos que actuam como uma fonte importante de ingredientes bioactivos individuais em nutracêuticos e medicamentos modernos. Os metabolitos secundários têm uma propriedade antioxidante muito boa que pode ser utilizada como uma fonte eficaz de antioxidantes naturais em nutracêuticos. A maioria dos metabolitos secundários tem uma vasta gama de atividade terapêutica e interage diretamente com os receptores, as membranas celulares e os ácidos nucleicos. Esta revisão avalia o relatório meticuloso dos metabolitos secundários, a sua classificação, fitoquímica, atividade farmacológica e a sua aplicação em medicamentos modernos, o que pode abrir caminho ao conhecimento para identificar e isolar o composto principal farmacologicamente ativo desejado na descoberta de medicamentos (GnanavelVeluet.al.,2018).

Os fitoquímicos são compostos primários e secundários. A clorofila, as proteínas e os açúcares comuns estão incluídos nos constituintes primários e os compostos secundários são os terpenóides, os alcalóides e os compostos fenólicos. Os terpenóides apresentam várias actividades farmacológicas importantes. Os terpenóides são muito importantes para atrair ácaros úteis e consumir insectos herbívoros. Os alcalóides são utilizados como agentes anestésicos e encontram-se em plantas medicinais (Abdul Wadoodet.al.,2013).

### 3.12. PAPEL BIOLÓGICO DOS FITOQUÍMICOS:

Têm-se revelado úteis em aplicações farmacêuticas e em cosméticos, nutrição e suplementos dietéticos [19]. As plantas foram sempre consideradas como fonte de compostos alimentares e medicinais: atualmente, cerca de 200 espécies são consideradas plantas medicinais e cerca de 25% dos medicamentos têm origem vegetal [21]. A maioria dos fitoquímicos, componentes de alimentos, bebidas e produtos à base de plantas são frequentemente relatados na literatura como "nutracêuticos", enfatizando as suas propriedades de promoção da saúde, incluindo a prevenção e o tratamento de patologias como o cancro, doenças cardiovasculares, distúrbios neurais e doença de Alzheimer (CinziaForniet.al, 2019).

### 3.13. ACTIVIDADE ANTIMICROBIANA:

As plantas medicinais tradicionais tornaram-se recentemente populares e são amplamente utilizadas nos cuidados de saúde primários. Uma vez que a Tailândia possui uma grande diversidade de espécies de plantas indígenas (medicinais), esta investigação investigou 52 espécies de plantas medicinais tailandesas tradicionalmente utilizadas relativamente às suas actividades citotóxicas, antioxidantes, inibidoras da lipase e antimicrobianas *in vitro* (ChutimaKaewpiboon et.al.,2012).

A resistência aos antibióticos tornou-se um dos principais problemas que a humanidade enfrenta. A necessidade de novos antimicrobianos tem aumentado drasticamente. As plantas são consideradas como uma das fontes mais prometedoras para a descoberta de novos antimicrobianos. Apesar da área relativamente pequena, a Arménia tem uma grande diversidade de flora com muitas espécies endémicas. Na medicina popular arménia, os materiais vegetais têm sido utilizados para tratar várias doenças microbianas desde tempos antigos.

O objetivo da nossa investigação foi avaliar a eficácia antimicrobiana de diferentes partes de cinco espécies de plantas selvagens que são habitualmente utilizadas na medicina tradicional arménia (MikayelGinovyan, et.al.,2017).

A resistência aos antibióticos representa um desafio significativo para a saúde clínica, veterinária e vegetal e é atualmente reconhecida pela OMS como um problema emergente de importância global. Recentemente, tem havido uma escassez de novos antibióticos a serem desenvolvidos, reorientando assim as investigações para os antimicrobianos naturais, especialmente a partir de plantas. Historicamente, as plantas têm sido uma fonte rica de medicamentos, que vão desde compostos quimioterapêuticos, anti-inflamatórios a agentes antimicrobianos, em que essa atividade terapêutica tem sido reconhecida e explorada pela medicina tradicional em muitos países, particularmente na Ásia. Esta revisão pretende explorar as substâncias das plantas que são antimicrobianas e identificar o seu amplo espetro de atividade (Nelson et.al.,2021).

A resistência antimicrobiana (RAM) é atualmente uma das principais ameaças que a humanidade enfrenta. O aparecimento e a rápida propagação de organismos resistentes a múltiplos e pan-fármacos (como os organismos resistentes à vancomicina, à meticilina, aos β-lactâmicos de espetro alargado, aos carbapenemes e à colistina) colocaram o mundo perante um dilema. Os encargos económicos e de saúde associados à RAM à escala global são terríveis. Os antimicrobianos disponíveis têm sido utilizados de forma incorrecta e são quase ineficazes, estando alguns destes medicamentos associados a efeitos secundários perigosos em alguns indivíduos. O desenvolvimento de antimicrobianos novos, eficazes e seguros é uma das formas de reduzir o peso da RAM. O ritmo a que os microrganismos desenvolvem mecanismos de RAM ultrapassa o ritmo a que estão a ser desenvolvidos novos agentes antimicrobianos. As plantas medicinais são fontes potenciais de novas moléculas antimicrobianas. Há um interesse renovado nas actividades antimicrobianas dos fitoquímicos. A Nigéria orgulha-se de possuir um enorme património de plantas medicinais e há uma avalanche de investigações que foram realizadas para analisar as actividades antimicrobianas destas plantas. A compilação científica destes estudos poderia fornecer informações úteis sobre as propriedades antimicrobianas das plantas. Esta informação pode ser útil para o desenvolvimento de novos medicamentos antimicrobianos (MadubuikeUmunnaAnyanwu e Rosemary ChinazamOkoye, 2017).

Muito antes de o homem ter descoberto a existência de micróbios, já era bem aceite a ideia de que certas plantas tinham um potencial curativo, ou melhor, que continham aquilo que atualmente caracterizaríamos como princípios antimicrobianos. Desde a antiguidade, o homem utiliza plantas para tratar doenças infecciosas comuns e alguns destes medicamentos tradicionais ainda fazem parte do tratamento habitual de várias doenças. Por exemplo, a utilização da *uva-ursina (Arctostaphylosuva-ursi*) e do sumo de arando (*Vacciniummacrocarpon*) no tratamento de infecções do trato urinário é referida em diferentes manuais de fitoterapia, enquanto espécies como a erva-cidreira (*Melissa officinalis*), o alho (*Allium sativum*) e a árvore do chá (*Melaleucaalternifolia*) são descritas como agentes antimicrobianos de largo espetro (J.L.Ríos e M.C.Recio ., 2005).

O fundador da família de proteínas MiAMP1 foi originalmente isolado de *Macadamia integrifolia* e tinha atividade antimicrobiana in vitro. A MiAMP1 foi a primeira proteína vegetal com uma estrutura que contém uma dobra precursora da βγ-cristalina, uma superfamília estrutural associada a proteínas antimicrobianas noutros reinos. Nos últimos tempos, a expansão da informação sobre genómica vegetal revelou que os genes que codificam homólogos de MiAMP1 estão conservados em todo o reino vegetal, desde licófitas, gimnospérmicas até às primeiras angiospérmicas (por exemplo, *Amborella,*

*Papaver*) e algumas monocotiledóneas (por exemplo, *Zantedeschia, Zea, Sorghum*). Muitos estudos sobre as interações planta-patógeno em gimnospérmicas demonstraram um papel potencial dos membros da família MiAMP1 na defesa contra os patógenos fúngicos. Este comentário descreve a descoberta e a diversidade desta família de proteínas e considera as provas actuais que apoiam, e as oportunidades futuras para fundamentar, um papel na defesa das plantas primitivas, e a razão pela qual este papel pode ter diminuído nas plantas superiores (John M. Manners et.al., 2009).

Estudar a eficácia antimicrobiana do hexano, do acetato de etilo e dos extractos etanólicos de plantas herbáceas (*Anthocephaluscadamba, Allium sativum, Origanumvulgare, Ocimum sanctum*) contra agentes patogénicos humanos como *Staphylococcus aureus* (MTCC-3160), *Escherichia coli* (MTCC-1652) e fungos *Aspergillusniger* (MTCC-282) utilizando o método de difusão em ágar. Todas as plantas mostraram uma atividade significativa contra todos os agentes patogénicos, mas o extrato alcoólico de *Ocimum sanctum* mostrou uma zona de inibição máxima e uma concentração inibitória mínima contra todos os agentes patogénicos. A zona mínima de inibição e a concentração inibitória comparativamente maior foram determinadas no hexano e no extrato etanólico. A atividade de espetro dos extractos alcoólicos destas plantas poderia ser uma possível fonte para obter novos e eficazes medicamentos à base de plantas para tratar várias doenças infecciosas (Rajesh *et al.*, 2014).

## 3.14. CLASSIFICAÇÃO CIENTÍFICA:

*Nome científico:* *Papoila do ópio*

*Reino:* *Plantae*

*Divisão:* *Tracheophyta - plantas vasculares, traqueófitas.*

*Subdivisão:* *Spermatophtina - espermatófitos, plantas com sementes, fanerogames.*

*Classe : Magnoliopsida*

*Subclasse:* *Magnoliidae*

*Ordem:* *Papaverales.*

*Família:* *Papaveráceas*

*Género:* *Papaver*

*Espécies:* *P. Somni*

Figura 2. Folha de *Papaversomniferum*

# 4. MATERIAIS E MÉTODOS

## 4.1. CONCEPÇÃO DO ESTUDO:

O presente protocolo foi concebido para analisar o grupo fitoquímico de compostos e a atividade antimicrobiana do extrato de folhas de *PapaverSomniferum L.* Foi utilizado etanol como solvente para a extração das folhas de *PapaverSomniferum L.*

## 4.2. LIMPEZA DE OBJECTOS DE VIDRO:

Os objectos de vidro foram lavados com detergente comercial, enxaguados em água da torneira e embebidos em solução de etanol. Foram lavados em água da torneira três vezes e, finalmente, os objectos de vidro foram lavados em água destilada e secos antes de serem utilizados.

## 4.3. RECOLHA EXPERIMENTAL DE PLANTAS:

As folhas da papoila do ópio (*Papaver Somniferum*) foram colhidas em Vaniyambadi, no distrito de Thirupattur.

## 4.4. PREPARAÇÃO DO MATERIAL VEGETAL:

As folhas foram lavadas e deixadas a secar à temperatura ambiente durante uma semana. As folhas foram colocadas numa zona à sombra, sem exposição à luz solar, para evitar a evaporação dos constituintes activos, como o fenol. As folhas foram desfeitas em pó com um triturador e recolhidas.

## 4.5. EXTRACÇÃO EM SOXHLET DO PÓ DAS FOLHAS COM ETANOL:

Transferiram-se 25 g de folhas em pó para o dedal de extração de poros do aparelho de Soxhlet e 250 ml de etanol para o balão de fundo redondo de 500 ml. A temperatura foi mantida durante todo o processo de extração. A duração do processo de extração em Soxhlet foi de 24 horas. No final do processo de extração, observou-se uma descoloração da cor verde do pó das folhas na câmara de extração. O extrato de Soxhlet foi recolhido do balão de fundo redondo e filtrado com papel de filtro. O filtrado foi transferido para um frasco de vidro.

## 4.6. RASTREIO FITOQUÍMICO DO EXTRACTO DE FOLHAS DE *PAPAVER SOMNIFERUM:*

**Pesquisa de alcalóides :**

**a) Teste de Mayer:** Alguns ml de extrato com algumas gotas do reagente de Mayer são tratados em conjunto. A formação de uma camada cremosa é a confirmação da presença de alcalóides

**b). Teste do ácido pícrico:** alguns ml de extrato e 2 ml de ácido pícrico formam uma cor amarela escura na presença de alcalóides.

**Teste de hidratos de carbono:**

**a) Teste de Molisch:** Adicionam-se 2 ml de reagente de Molisch a 2 ml de extrato, misturam-se bem e adiciona-se cuidadosamente 1 ml de ácido sulfúrico conc. ao longo do lado do tubo de ensaio em posição inclinada. A presença de um anel de cor violeta na junção do líquido indica a presença de hidratos de carbono.

**b). Teste de Fehlings:** Misturam-se 0,5 ml do reagente A de Fehling e 0,5 ml do reagente B de Fehling, adicionam-se algumas gotas de extrato e aquece-se em banho-maria em ebulição. A formação de um precipitado de cor vermelha indica a presença de hidratos de carbono.

**c) Teste do iodo:** Adicionam-se algumas gotas de iodo a algumas gotas de extrato e a formação de uma cor azul-preta mostra a presença de hidratos de carbono

**d). Teste da celulose:** Adicionou-se 1 ml de extrato com algumas gotas de solução de iodo, seguido de algumas gotas de ácido sulfúrico. A cor vermelha castanha escura indica a presença de celulose.

**Teste para Aminoácidos e Proteínas:**

**a) Teste de Millons:** 2 ml de extrato e, em seguida, 6 gotas do reagente de Million. A formação de cor vermelha é a confirmação da presença de aminoácidos.

**b) Teste de Biureto:** Foram adicionados alguns ml de extrato e igual volume de hidróxido de sódio a 40% e, em seguida, 2 gotas de sulfato de cobre a 1%. A formação de cor violeta mostra a presença de aminoácidos e proteínas.

**c). Teste da ninidrina:** adicionou-se 1 ml de extrato a 5 gotas de ninidrina a 0,2% em acetona. A formação de cor indica a presença de aminoácidos e proteínas.

**d). Teste de Bradford:** Adicionam-se alguns ml de extrato com algumas gotas de reagente de Bradford. A formação de cor azul indica a presença de proteínas.

**Teste para fenóis:**

**a) Teste de cloreto férrico:** 2 ml de extrato foram adicionados a 2 ml de solução de cloreto férrico. A formação de uma solução verde-azulada profunda revela a presença de fenol

**b). Teste fosfomolíbdico:** Juntar alguns ml de extrato com alguns ml de reagente de ácido fosfomolíbdico e adicionar alguns ml de amoníaco líquido. A formação de cor azul indica a presença de fenol.

**c). Teste do catecol:** A 2 ml de extrato com o reagente de Ehrlich adicionaram-se algumas gotas de ácido clorídrico concentrado. A formação de uma cor castanha ou preta é a confirmação da presença de catecol.

**Teste para esteróides:**

**a) Teste de Salkowsh:** a alguns ml de extrato adicionaram-se alguns ml de clorofórmio e igual volume de H2SO4 concentrado. O aparecimento de cor vermelha na camada de clorofórmio e de fluorescência verde na camada ácida indica a presença de colesterol.

**b) Teste de Libermanbuchard:** A alguns ml de extrato e adicionar 2ml de clorofórmio e 10 gotas de anidrido acético e 2ml de H conc.$_2$ $SO_4$ a cor vermelha rosa muda rapidamente para azul e verde, o que revela a presença de colesterol.

**Pesquisa de glicosídeos :**

**Teste de Keller Kilani:** A alguns ml de extrato, adicionar ácido acético glacial juntamente com cloreto férrico e adicionar $H_2$ $SO_4$ concentrado, que é dissolvido em cloreto férrico ao longo do lado do tubo de ensaio. O aparecimento de uma cor castanho-avermelhada que muda para verde azulado na junção em 2-3 minutos indica a presença de glicosídeos cardíacos.

**Pesquisa de quinonas/antroquinonas:**

**a) Teste do clorofórmio-amoníaco:** adicionar alguns ml de ácido sulfúrico concentrado e 5 ml de clorofórmio em alguns ml de extrato quente e manter num banho de água a ferver. Retirar 2 ml e adicionar 1 ml de amoníaco a 10% e agitar bem. O aparecimento de uma cor vermelha rosada na camada amoniacal indica a presença de um derivado do antraceno.

**b) Teste de Borntoranger:** Em 5 ml de extrato, adicionar cloreto férrico a 10% e 1 ml de ácido clorídrico concentrado. Em seguida, agitar o filtrado com éter dietílico e adicionar amoníaco forte. A formação de uma camada aquosa de cor rosa ou vermelho escuro indica a presença de antraquinona.

**Teste para flavonóides:**

**a) Teste de descoloração**: Alguns ml de extrato foram adicionados a alguns ml de hidróxido de sódio diluído. O aspeto da cor amarela muda para uma solução incolor após a adição de ácido clorídrico diluído. A mudança de cor da solução incolor indica a presença de flavonóides.

**b) Teste do amoníaco:** Mergulhar o papel de filtro no extrato e expô-lo a vapores de amoníaco. A mudança de cor para amarelo indica a presença de flavonóides.

**c) Teste do acetato de chumbo:** a alguns ml de extrato adicionou-se igual volume de ácido acético a 0,5%, filtrou-se e adicionou-se 1 ml de acetato de chumbo a 1% ao filtrado. O precipitado branco floculante é a confirmação da presença de flavonóides.

**Teste para leucoantocianidinas:** A ml de extrato adicionaram-se alguns ml de HCl concentrado e mantiveram-se no banho de água a ferver até à ebulição. A formação de uma cor avermelhada indica a presença de leucoantocianidinas.

**Teste de taninos:**

**a) Teste de Braemer:** a alguns ml de extrato adicionaram-se algumas gotas de cloreto férrico a 10%. O aparecimento de uma cor verde escura indica a presença de tanino.

**b) Pesquisa de taninos hidrolisáveis:** A 4 ml de extrato, adicionar 4 ml de amoníaco a 10%. A formação de uma emulsão por agitação indica a presença de tanino hidrolisável.

**Teste para antocianina:**

**a) Teste NAOH:** A 2 ml de extrato adicionou-se 1 ml de hidróxido de sódio e ferveu-se durante 5 minutos. A formação de cor verde é a confirmação da presença de antocianina.

**b) Teste de HCL:** A 2 ml de extrato adicionou-se 1 ml de HCL e ferveu-se durante 5 minutos. A formação de cor-de-rosa é a confirmação da presença de antocianina.

**Teste para óleos voláteis:**A 2ml de extrato adicionou-se 0,1ml de hidróxido de sódio diluído e algumas gotas de ácido clorídrico diluído. A formação de um precipitado branco indica a presença de óleo volátil.

**Teste para terpenóides:** A alguns ml de extrato adicionaram-se 2ml de clorofórmio e 5ml de ácido sulfúrico concentrado ao longo do lado do tubo de ensaio. O aparecimento de castanho avermelhado na interfase indica a presença de terpenóides.

## 4.7. ACTIVIDADE ANTIBACTERIANA:

### 4.7.1.LIMPEZA DO MATERIAL DE VIDRO

Todos os objectos de vidro foram primeiro mergulhados numa solução de limpeza (100 g de dicromato de potássio foram adicionados a 100 ml de água destilada), seguida da adição de 50 ml de ácido sulfúrico concentrado durante cerca de 12 horas e lavados em água da torneira. Finalmente, foram limpos em água destilada, secos e utilizados para o estudo.

### 4.7.2. ESTERILIZAÇÃO

Todos os meios foram esterilizados em autoclaves a uma pressão de 15 Ibs/in$^2$ durante 15 minutos. As vidrarias foram esterilizadas a 160$^0$ C durante 1 hora num forno de ar quente.

### 4.7.3. RECOLHA DE CULTURAS BACTERIANAS DE ENSAIO:

As seis culturas bacterianas diferentes foram obtidas no sacred heart college, Tirupattur, Tamil Nadu, Índia.

a) Pneumonia por Streptococcus

b) Salmonela

c) Escherichia coli

d) Proteus

e) Streptococcus agalactiae

f) Pirogénios

**Bactérias Gram positivas:**

a) Pneumonia por Streptococcus

b) Streptococcus agalactiae

c) Pirogénios

**Bactérias Gram negativas:**

a) Salmonela

b) Escherichia coli

c) Proteus

## 4.8. MANUTENÇÃO DA CULTURA E PREPARAÇÃO DO INÓCULO:

### 4.8.1. MANUTENÇÃO DE CULTURAS BACTERIANAS:

As culturas bacterianas foram subcultivadas e mantidas em placas de ágar nutriente e armazenadas no frigorífico a $4^0$ C.

### 4.8.2. PREPARAÇÃO DO INÓCULO BACTERIANO:

O inóculo bacteriano foi preparado através da inoculação de uma alça de bactérias em 5 ml de caldo nutriente e incubado a $37^0$ C durante 12 horas até se desenvolver uma turvação moderada.

# 5. RESULTADOS E DISCUSSÃO

## 5.1. RECOLHA E EXTRACÇÃO DO EXTRACTO DE FOLHAS DE *PAPAVER SOMNIFERUM*

As folhas de *PapaverSomniferum* foram recolhidas em Vaniyambadi, distrito de Tirupattur, Tamil Nadu, na Índia, e levadas para o laboratório. As folhas foram secas à sombra durante uma semana e transformadas em pó com um misturador. O pó das folhas de *Papaversomniferum* (25 g) foi extraído com 250 ml de etanol. Após a extração, as amostras extraídas são utilizadas para utilização futura.

## 5.2. ANÁLISE FITOQUÍMICA:

Os constituintes fitoquímicos presentes no extrato bruto da folha de Papaversomniferum foram analisados quanto à presença de diferentes fitoquímicos no extrato.

### 5.2.1. ANÁLISE FITOQUÍMICA DO EXTRACTO *ETANÓLICO DE PAPAVER SOMNIFERUM*

A análise fitoquímica do extrato etanólico da folha de *Papaversomniferum* foi analisada neste Os hidratos de carbono foram testados pelo teste de Molisch, teste de Fehling e teste de celulose e mostra o resultado positivo no teste de celulose, teste de molisch e teste de Fehling.

Os aminoácidos e as proteínas são testados através dos testes de Milhões, Biureto, Ninidrina e Bradford, que apresentam resultados positivos para os testes de Bradford e de Milhões, enquanto os restantes apresentam resultados negativos.

Os fenóis foram testados através do teste do cloreto férrico e do teste do catecol, tendo-se registado um resultado positivo em ambos os testes.

Os esteróis e esteróides foram testados pelo teste de Salkowski e pelo teste de Libermanbuchard. E mostra resultados positivos para o teste de Salkowski e o teste de Libermanbuchard.

Os glicosídeos são testados pelo teste de Kellerkilani e mostram um resultado positivo para o teste de Kellerkilani.

A Quinona/Antroquinona foi testada pelo teste do Clorofórmio-Amoníaco e pelo teste de Borntrager e apresenta resultados positivos para o teste do Clorofórmio-Amoníaco e para o teste de Borntrager.

Os glicosídeos cianogénicos foram testados pelo teste de Mayer, teste de Hager e teste de Wager. E mostra os resultados positivos para o teste de Mayer, o teste de Hager e o teste de Wagener.

Os flavonóides foram testados por teste de descoloração, teste de amoníaco e teste de acetato de chumbo e mostram resultados positivos para o teste de descoloração, teste de amoníaco e teste de acetato de chumbo.

As leucoantocianidinas foram testadas e o resultado foi positivo. Os taninos são testados pelo teste de Braemer e pelo teste de taninos hidrossolúveis, o que mostra resultados positivos para o teste de Braemer e resultados negativos para o teste de taninos hidrossolúveis.

A antocianina, os óleos voláteis e os terpenóides foram testados e apresentaram resultados positivos (Quadro 1).

**Quadro 1**

**Análise fitoquímica de *PapaverSomniferum* - Extrato em etanol**

| FITOQUÍMICA | TESTE | RESULTADO |
|---|---|---|
| Hidratos de carbono | Molisch | + |
| | Fehling's | + |
| | Celulose | + |
| Aminoácidos e proteínas | Millon's | + |
| | Biureto | + |
| | Ninidrina | - |
| | Bradford's | + |
| Fenóis | Cloreto férrico | + |
| | Catecol | + |
| Esteróis e esteróides | Salkowski | + |
| | Teste Libermanbuchard | + |
| Glicosídeos | KellarKilani | + |
| Quinonas / Antroquinona | Clorofórmio - Amoníaco | + |
| | Borntrager's | + |
| Alcalóides | Mayer's | + |
| | Hager's | + |
| | Wagner's | + |
| Flavonóides | Descoloração | + |
| | Amoníaco | + |
| | Acetato de chumbo | + |
| Leucoantocianidinas | Leucoantocianidinas | + |
| Tanino | Braemer's | + |
| | Tanino hidrolisável | - |
| Antocianina | Antocianina | + |
| Óleos voláteis | Óleos voláteis | + |
| Terpenóides | Terpenóides | + |

(+)-Presença, (-)-Ausência

Figura-3

EXTRACÇÃO DE PLANTAS POR APARELHO DE SOXHLET

Figura-4

EXTRACÇÃO DE FOLHAS DE *PAPAVER SOMNIFERM*

TEST
FEHLING TEST
TEST
PICRIC
SSD

Figura-5

ANÁLISE FITOQUÍMICA

## 5.3. ACTIVIDADE ANTIMICROBIANA:

A atividade antimicrobiana do extrato de etanol das folhas de *Papaversomniferum* foi estudada em duas concentrações diferentes, 50 e 100mg/ml. A atividade antimicrobiana foi estudada por zona de inibição.

### 5.3.1. Atividade antibacteriana do extrato *de Papaversomniferum*- Etanol:

A atividade antibacteriana do extrato de metanol de *Papaversomniferum* foi analisada no presente estudo e os resultados foram apresentados na Tabela - 2. Entre as duas concentrações (50 e 100 mg/ml) utilizadas, a zona inibitória máxima foi observada a 100 mg/ml seguida de 50 mg/ml. Foi observada uma atividade antibacteriana máxima na bactéria Streptococcus pneumonia (14 mm e 15 mm), seguida de Salmonella (14 mm e 16 mm), *Escherichia coli* (15 mm e 15 mm), Proteus e *Pyogens* (16 mm e 16 mm) e *Streptococcus agalactiae (14 mm e 15 mm)*. Não foi observada nenhuma zona de inibição no controlo negativo com DMSO nos seis organismos acima referidos.

**Quadro 2**

Diâmetro das zonas de inibição dos extractos etanólicos de folhas de *Papaversomniferum* contra estirpes bacterianas.

| **№** | **Organismos** | **Concentração do extrato etanólico (mg/ml) e zona de inibição (mm em dm)** | | **DMSO** |
|---|---|---|---|---|
| | | **50** | **100** | |
| 1 | *S. Pneumonia* | 14 | 15 | 0mm |
| 2 | *Salmonela* | 14 | 16 | 0mm |
| 3 | *E. coli* | 15 | 15 | 0mm |
| 4 | *Proteus* | 16 | 16 | 0mm |
| 5 | *S. Agalactiae* | 14 | 15 | 0mm |
| 6 | *Pirogénios* | 16 | 16 | 0mm |

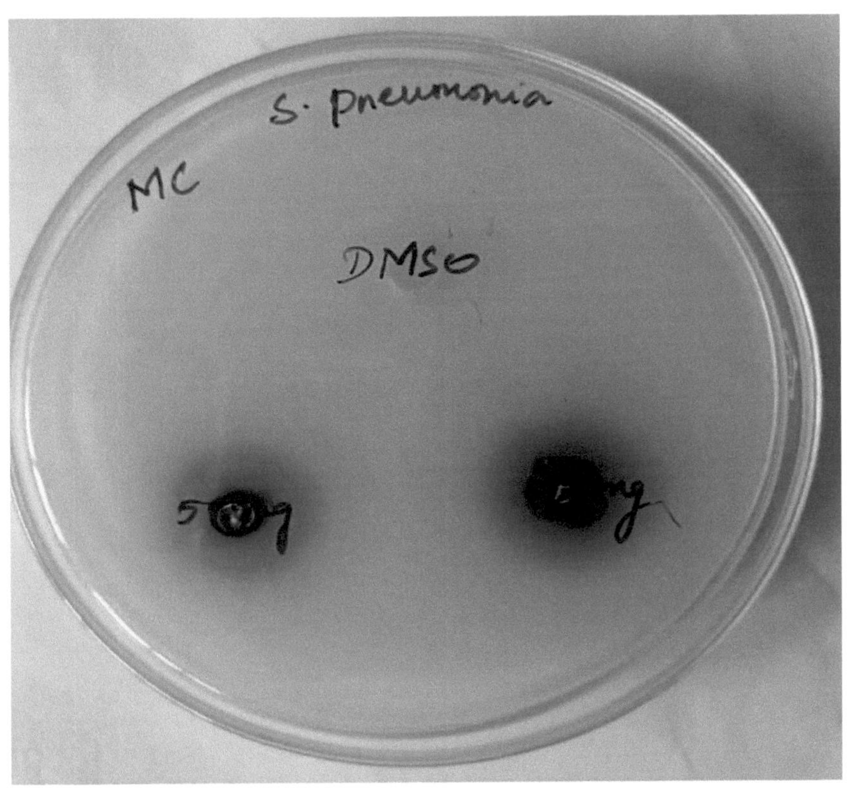


**Figura 6: Atividade antibacteriana do extrato de etanol de Papaversomniferuma *contra Streptococcus Pneumonia***

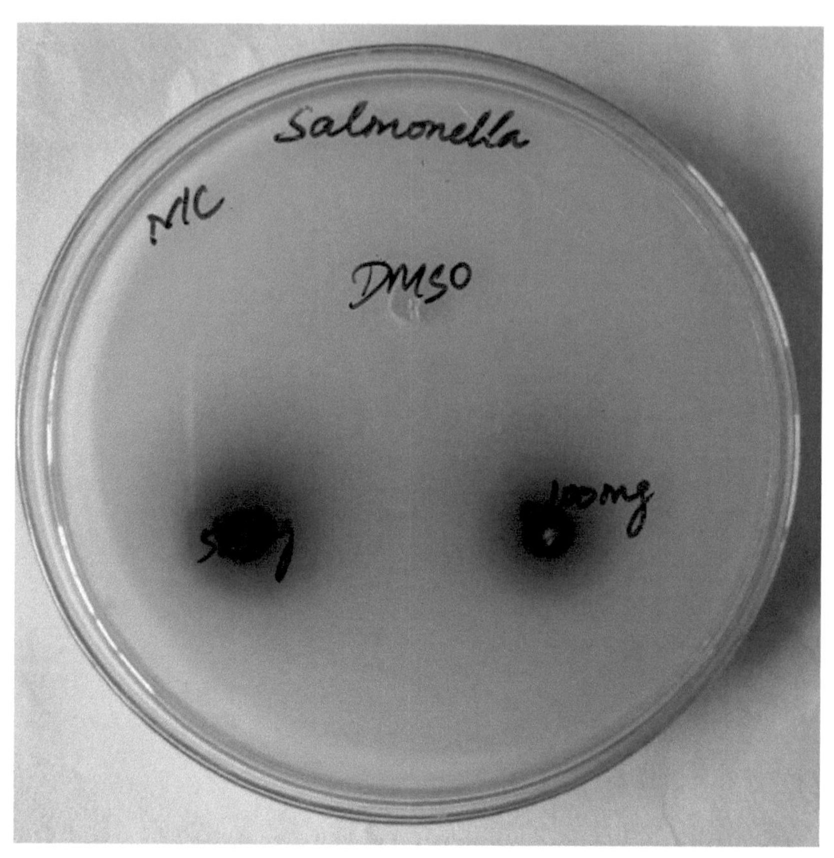
Salmonella
MC
DMSO
100mg

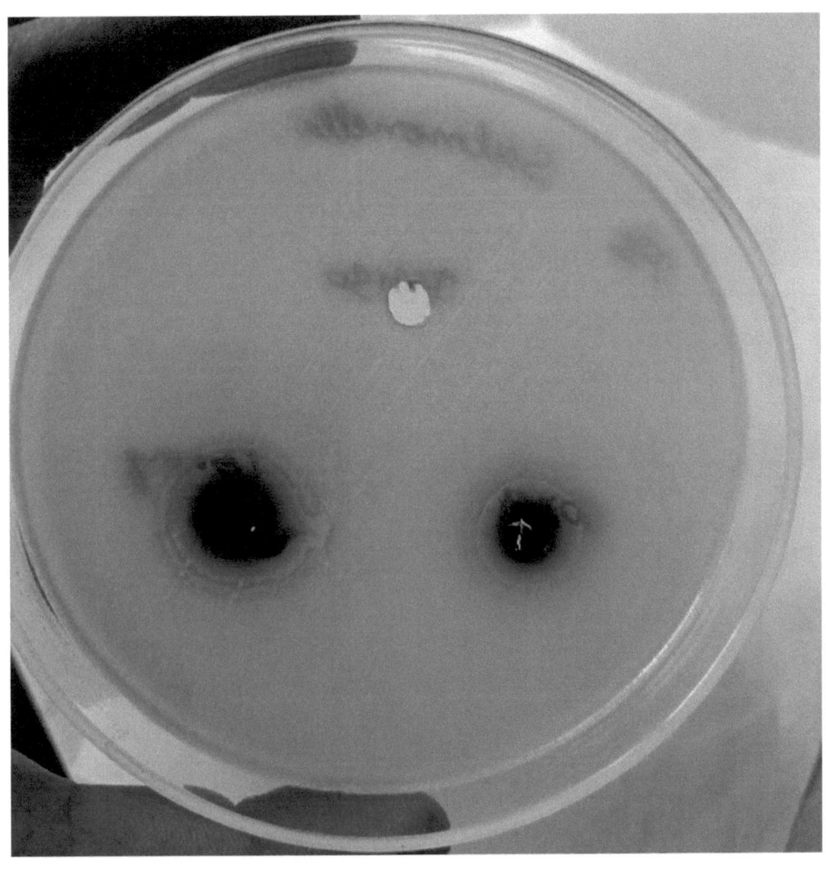

**Figura 7: Atividade antibacteriana do extrato etanólico de Papaversomniferuma *contra Salmonella***

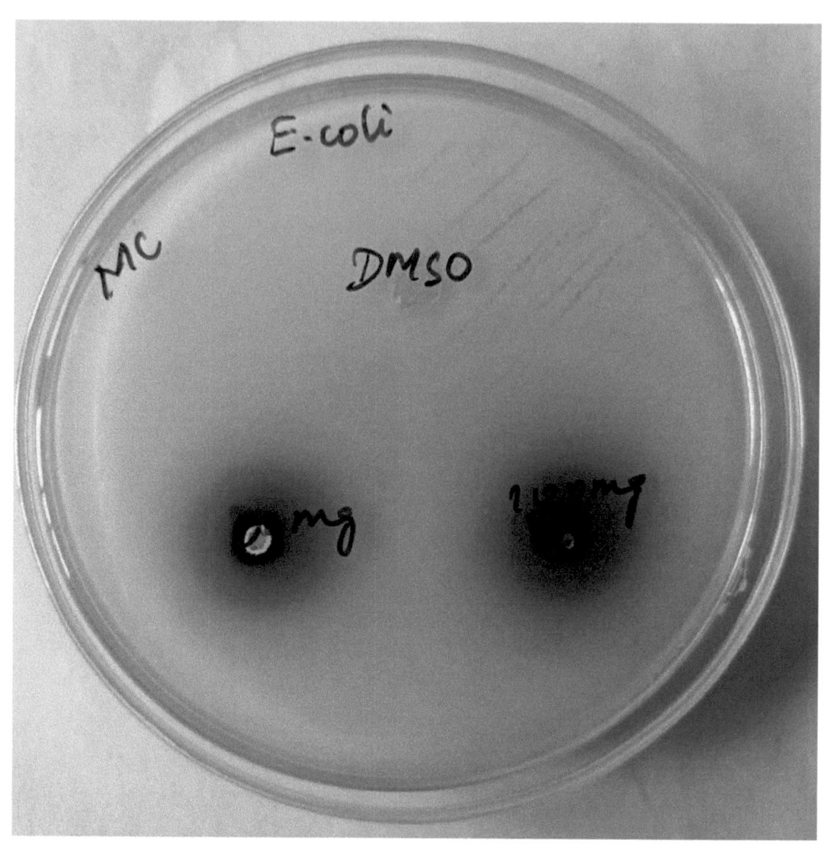
E.coli
MC
DMSO

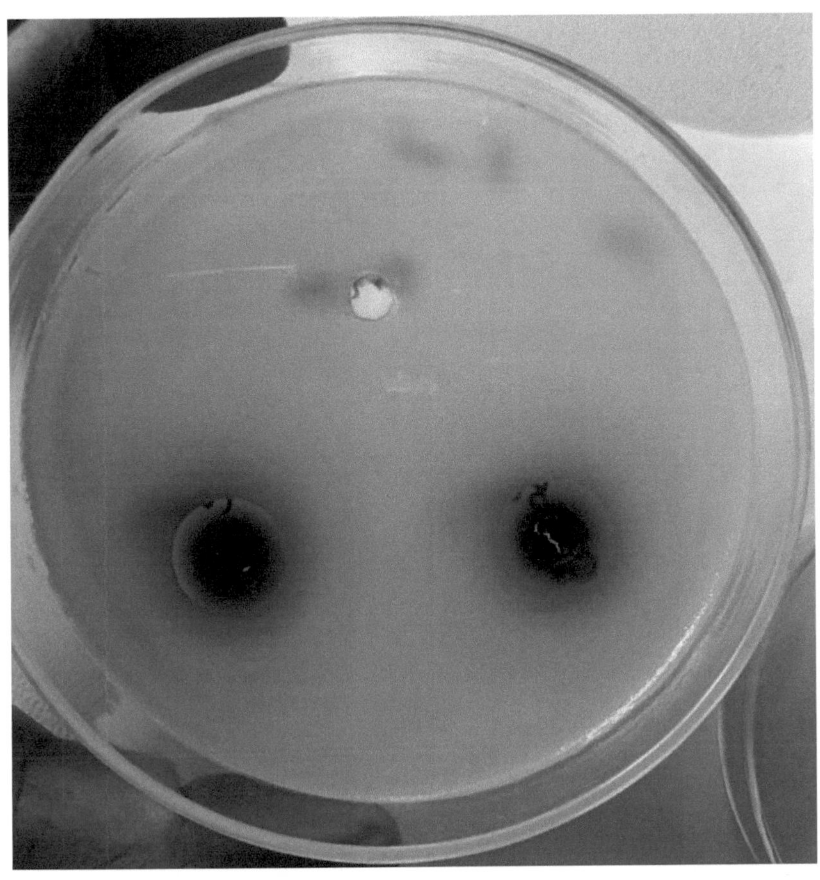

**Figura 8: Atividade antibacteriana do extrato etanólico de Papaversomniferuma *contra Escherichia Coli***

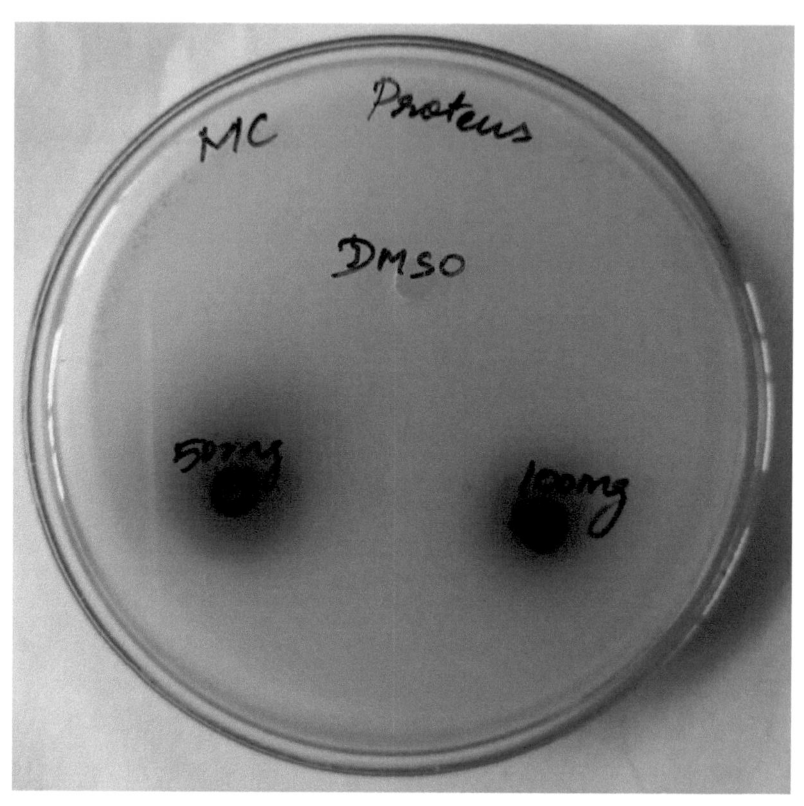
MC
Proteus
DMSO
500mg
100mg

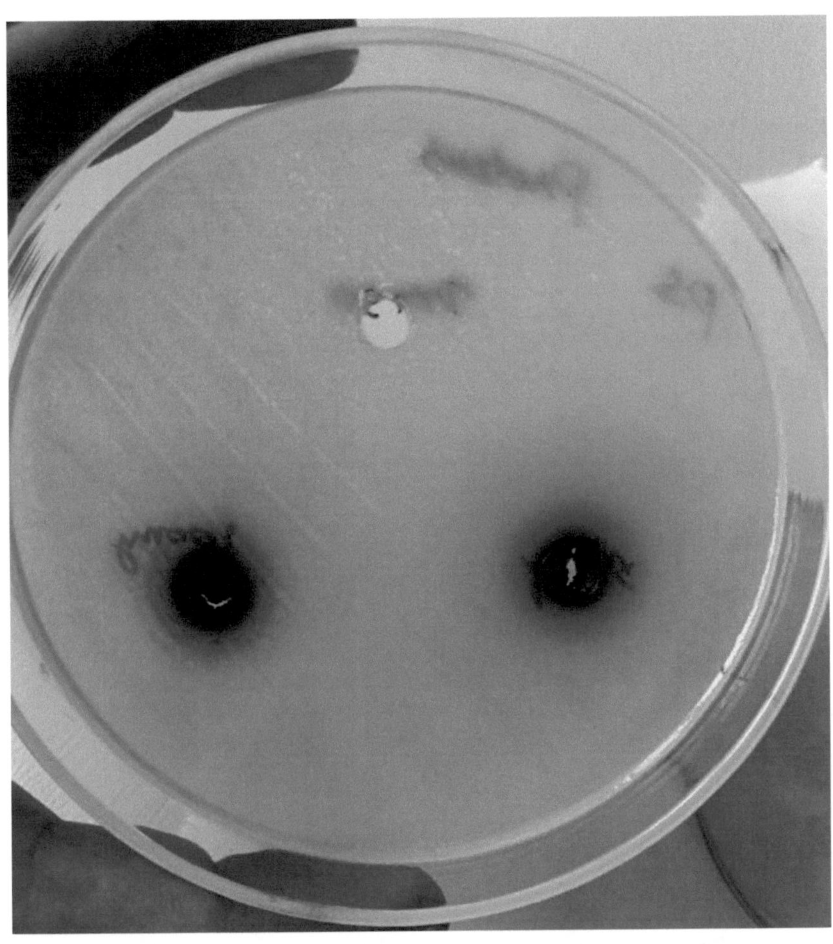

**Figura 9: Atividade antibacteriana do extrato etanólico de Papaversomniferuma *contra Proteus***

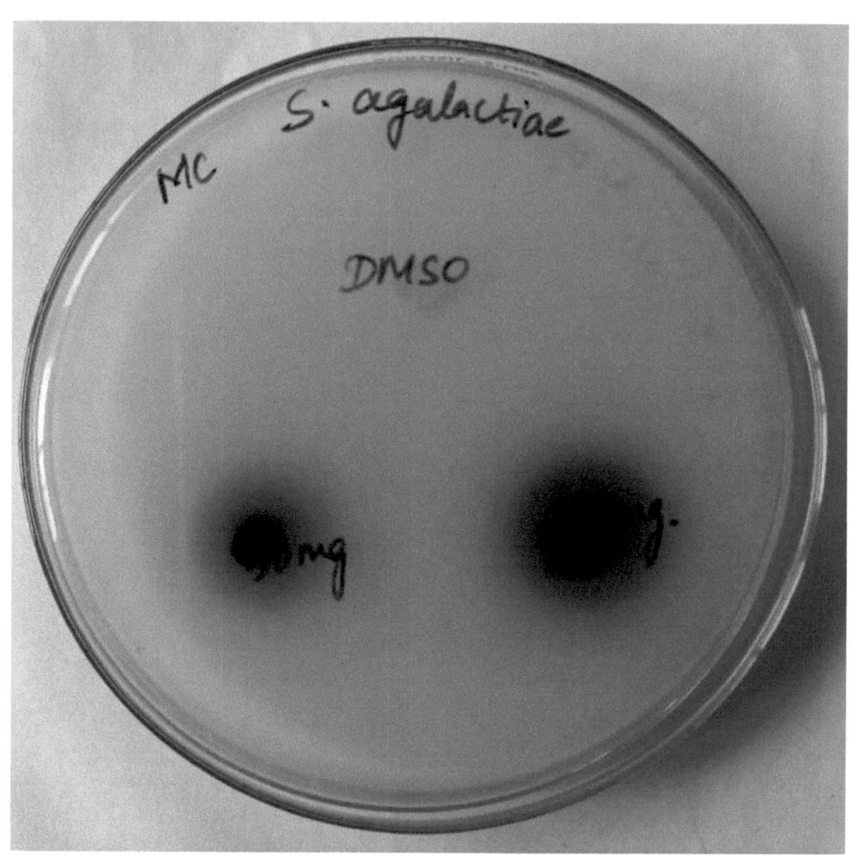


**Figura 10: Atividade antibacteriana do extrato etanólico de Papaversomniferuma** ***contra Streptococcus agalactiae***

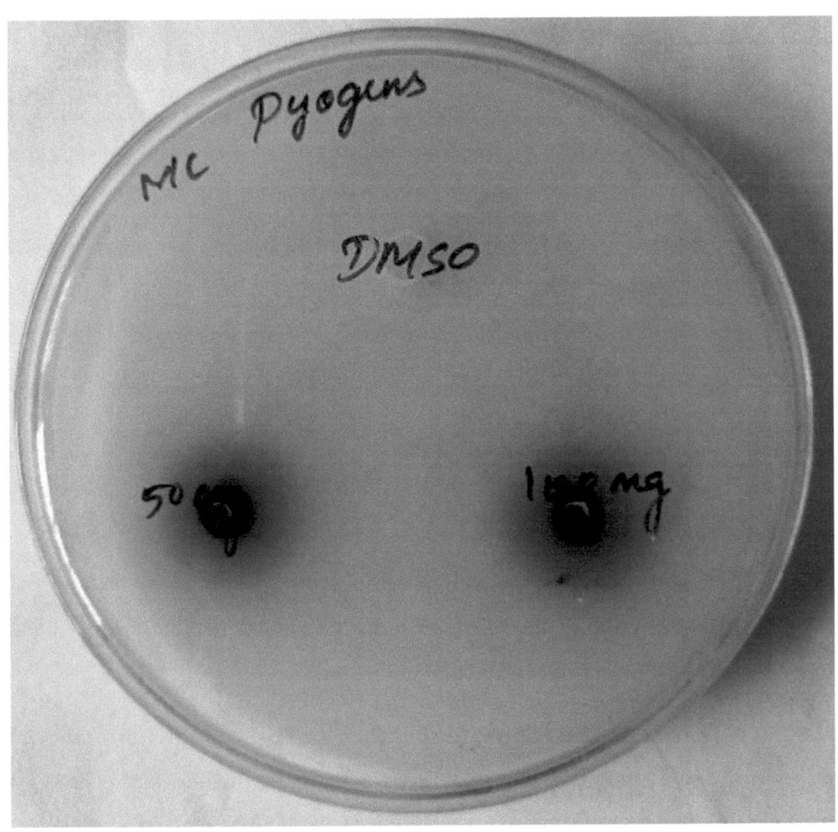


**Figura 11: Atividade antibacteriana do extrato etanólico de Papaversomniferuma** ***contra Pirogénios***

# 6. CONCLUSÃO

A papoila do ópio (*Papaversomniferum*) é utilizada como planta medicinal e foi descrita na literatura antiga do sistema indiano de medicina (Ayurveda). Em primeiro lugar, o ópio purificado é descrito como sendo o principal componente terapêutico para o tratamento (dor, diarreia, disenteria, etc.). Porque devido à presença de fitoquímicos na planta. Contém hidratos de carbono, proteínas, fenóis, esteróides, glicosídeos, quinonas / antroquinona, glicosídeos cianogénicos, alcalóides, flavonóides, leucocianidinas, taninos, óleos voláteis e terpenóides.

Observou-se a maior ação inibitória contra muitas bactérias. Os extractos revelaram-se eficazes contra certas bactérias Gram positivas e Gram negativas. A atividade das estirpes bacterianas revelou uma boa atividade contra a amostra de teste em ambas as concentrações. A concentração dependente desempenha um papel muito importante na atividade antimicrobiana.

No presente trabalho ficou provado que *a* Papaversomniferums *apresenta* uma ação inibidora máxima contra Proteus e Pyogens quando comparada com outros organismos de teste.

Assim, o trabalho de projeto concluiu que o essencial da *Papaversomniferum* tem uma atividade antimicrobiana eficazmente notável, pelo que a *Papaversomniferum* tem um tratamento altamente recomendado e muito útil para alguns componentes principais.

# 7. BIBLIOGRAFIA

1) Abdul Wadood, MehreenGhufran, Syed Babar Jamal, Muhammad Naeeml, Ajmal Khan, RukhsanaGhaffar e Asnad (2013). Análise fitoquímica de plantas medicinais que ocorrem na área local de Mardan, 2:4.

2) ChutimaKaewpiboon, KriengsakLirdprapamongkol, ChantraganSrisomsap, PakornWinayanuwattikun, TikampornYongvanich, PreechaPuwaprisirisan, JisnusonSvasti&WanchaiAssavalapsakul (2012). Estudos das actividades citotóxicas, antioxidantes, inibidoras da lipase e antimicrobianas in vitro de plantas medicinais tailandesas selecionadas, 12:217.

3) CinziaForni, Francesco Facchiano, Manuela Bartoli, Stefano Pieretti, Antonio Facchiano, Daniela D'Arcangelo, SandroNorelli, Giorgia Valle, Roberto Nisini, Simone Beninati, Claudio Tabolacci e Ravirajsinh N. Jadeja (2019). Papel benéfico dos fitoquímicos no stress oxidativo e nas doenças relacionadas com a idade, Volume 2019.

4) Dol Raj Luitel, ZuzanaMünzbergová,BinuTimsina&ZuzanaMünzbergová (2014). Plantas medicinais usadas pela comunidade Tamang no distrito de Makawanpur, no centro do Nepal. Jornal de Etnobiologia e Etnomedicina. 10:5.

5) FarshadDavoodiMastakani, Gabriel Pagheh, SajadRashidiMonfared, Masoud Shams-Bakhsh (2018). Identificação e análise da expressão de um cluster de microRNA derivado de RNA pré-ribossómico em Papaversomniferum L. e Papaverbracteatum L, 13(8):e0199673.

6) G. Anywar, E. Kakudidi,R. Byamukama,J. Mukonzo,A. Schubert,H. Oryem-Origa,e C. Jassoy(2021). Uma revisão da toxicidade e fitoquímica de espécies de plantas medicinais usadas por herbalistas no tratamento de pessoas que vivem com HIV / AIDS em Uganda. 12: 615147.

7) George B. Stefano, NastazjaPilonis, RadekPtacek e Richard M. Kream (2017). Evolução recíproca da ciência dos opiáceos a partir de perspectivas médicas e culturais. 23: 2890-2896.

8) GnanavelVelu, VeluchamyPalanichamy&AnandPremRajan (2018). Importância Fitoquímica e Farmacológica dos Metabólitos Secundários de Plantas na Medicina Moderna.P 135-156.

9) Guillaume A. W. Beaudoin&Peter J. Facchini (2014). Biossíntese de alcalóides de benzilisoquinolina na papoula do ópio, 240 (1): 19-32.

10) Gurinder J Kaur&Daljit S Arora (2009). Rastreio antibacteriano e fitoquímico de Anethumgraveolens, Foeniculumvulgare e Trachyspermumammi. 9: 30.

11) HosseinKaregar-Borzi, Mehdi Salehi , RojaRahimi (2016). Lauq: Uma forma de dosagem de libertação sustentada para distúrbios respiratórios na medicina tradicional persa. 21(1):63-70.

12) J.L.Ríos, M.C.Recio (2005). Plantas medicinais e atividade antimicrobiana. Journal of Ethnopharmacology, Volume 100, 100(1-2):80-4.

13) Johan Memelink (2004). Adormecer o ópio na papoila,1526-1527.

14) John M. Manners (2009). Primitive Defence: The MiAMP1 Antimicrobial Peptide Family, 237-242.

15) KleopatraMathianaki, ManolisTzatzarakis e Marianna Karamanou (2021). Papoilas como ajuda para dormir para bebés: O remédio "Hypnos" da medicina popular cretense. Volume 8, páginas 1729-1733.

16) Li Guo , ThiloWinzer , Xiaofei Yang , Yi Li , ZeminNing, Zhesi He Roxana Teodor, Ying Lu, Tim A Bowser, Ian A Graham, Kai Ye (2018). O genoma da papoula do ópio e a produção de morfina, 362 (6412): 343-347.

17) MadubuikeUmunnaAnyanwu e Rosemary ChinazamOkoye (2017). Atividade antimicrobiana de plantas medicinais nigerianas. Jornal de Etnofarmacologia Intercultural, 6(2): 240-259.

18) *MadubuikeUmunnaAnyanwu, Rosemary ChinazamOkoye (2017).* Atividade antimicrobiana das plantas medicinais nigerianas. Jornal de Etnofarmacologia Intercultural. 6(2): 240-259.

19) Majid Dadmehr, Mohsen Bahrami (2020). Avicena: efeitos do ópio na sensação e na dor, Volume 19, P724a-724.

20) MANA INADA, AKIRA SATO, MIKA SHINDO, YOHEI YAMAMOTO, YASUHARU AKASAKI, KOICHI ICHIMURA e SEI-ICHI TANUMA (2019). O alcaloide do ópio não narcótico Papaverine suprime o crescimento celular do glioblastoma humano, 14(5):e0216358.

21) MasihuddinMasihuddin, MA Jafri, Aisha Siddiqui, Shahid Chaudhary (2018). USOS TRADICIONAIS, FITOQUÍMICA E ATIVIDADES FARMACOLÓGICAS DE PAPAVER SOMNIFERUM COM REFERÊNCIA ESPECIAL DA MEDICINA UNANI UMA REVISÃO ATUALIZADA. Jornal de Entrega de Medicamentos e Terapêutica. 8(5-s):110-114.

22) Michael A. Marciano, Sini X. Panicker, Garrett D. Liddil, Danielle Lindgren&Kevin S. Sweder (2018). Desenvolvimento de um método para extrair o DNA da papoula do ópio (*Papaversomniferum L.*) da heroína, 8 (1): 2590.

23) Michelle G. Carlin , John R. Dean, Jonathan L. Bookham e Justin J. B. Perry (2017). Investigação do comportamento ácido/base do alcaloide de ópio thebaine na fase móvel LC-ESI-MS por espetroscopia NMR, 4(10):170715.

24) MikayelGinovyan, MargaritPetrosyan&ArmenTrchounian (2017). Atividade antimicrobiana de alguns materiais vegetais utilizados na medicina tradicional arménia, 17(1):50.

25) Miwha Chang , Eun-Jung Lee, Joo-Young Kim, Haeyong Lee, SanggilChoe, Seohyun Moon *(2021).* Um novo marcador VNTR minissatélite, Pscp1, descoberto para a identificação da papoila do ópio, Volume 55, 55:102581.

26) MohadeseKamali, HodaKamali, MohammadmahdiDoustmohammadi, HojjatSheikhbardsiri, e MasoudMoghadari (2021). Tratamento da dependência do ópio na medicina persa: A review study, Journal of Education and Promotion, 10: 157.

27) MojtabaHeydari , Mohammad HashemHashempur, Arman Zargaran (2013). Aspectos medicinais do ópio tal como descritos no Cânone de Medicina de Avicena, 11(1):101-12.

28) *Monika Thakur, RenuKhedkar, em Functional and Preservative Properties of Phytochemicals, 2020.* Phytochemicals.

29) Nelson, David W, Millar, Beverley C, Rao, Juluri R, Moore, John E (2021). O papel das plantas e macrofungos como fonte de novos agentes antimicrobianos, Volume 32, pp. 231-236 (6).

30) Rajesh Dabur, Amita Gupta, T K Mandal, Desh Deepak Singh, VivekBajpai, A M Gurav e G S Lavekar (2007). Antimicrobial Activity of Some Indian Medicinal Plants (Atividade antimicrobiana de algumas plantas medicinais indianas). Revista Africana de Medicinas Tradicionais, Complementares e Alternativas: AJTCAM. 4(3): 313-318.

31) Rajesh, T., Venkatanagaraju, E., DivakarGoli e Syed JalaluddinBasha.(2014). Avaliação da atividade antimicrobiana de diferentes plantas herbáceas. *Revista internacional de ciência e investigação farmacêutica.* 5(4):1460-1468.

32) Rev Hist Pharm (Paris) (2010). [A farmacopeia dos opiáceos em França desde as origens até ao século XIX], 58(365):81-90.

33) RNS Yadav e MuninAgarwala (2011). Análise fitoquímica de algumas plantas medicinais, Journal of Phytology, 3(12): 10-14.

34) SamanehKarimi, FarzanehLotfipour, SolmazAsnaashari, ParinaAsgharian, YaserSarvari e SaeidHazrati (2019). Análise fitoquímica e atividade antimicrobiana de algumas plantas medicinais importantes do noroeste do Irã. Jornal Iraniano de Pesquisa Farmacêutica. 18(4): 1871-1883.

35) SamanehNakhaee, SaeedehGhasemi, KimiyaKarimzadeh, NasimZamani, SamanehAlinejad-Mofrad&OmidMehrpour (2020). The effects of opium on the cardiovascular system: a review of side effects, uses, and potential mechanisms, 15: 30.

36) SissiWachtel-Galor e Iris F. F. Benzie (2011). Medicina Herbal: An Introduction to Its History, Usage, Regulation, Current Trends, Research Needs [Uma introdução à sua história, utilização, regulamentação, tendências actuais e necessidades de investigação].

37) SunyongYoo, Kwansoo Kim, Hojung Nam e Doheon Lee (2018). Descobrindo benefícios para a saúde de fitoquímicos com análise integrada da rede molecular, propriedades químicas e evidências etnofarmacológicas. 10(8):1042.

38) Svend Norn, Poul R KruseEdith Kruse (2005), [History of opium poppy and morphine], 33:171-84.

39) TarekToubia , TarekKhalife (2019). O sistema opióide endógeno: Papel e Disfunção Causada pela Terapia Opióide, Volume 62, p 3-10.

40) YagizAlagoz, TugbaGurkok, Baohong Zhang e TurgayUnver (2016). Manipulando a biossíntese de alcalóides compostos bioativos para engenharia metabólica de próxima geração na papoula do ópio usando a tecnologia de edição de genoma CRISPR-Cas 9. 6: 30910.

41) Zhaoping Zhang, Changjian Li, Junqing Zhang, Fang Chen, Yongfu Gong, Yanrong Li, Yujie Su, Yujie Wei e Yucheng Zhao (2020). Seleção do gene de referência para normalização da expressão em *Papaversomniferum* L. sob estresse abiótico e tratamento hormonal, 11 (2): 124.

# ÍNDICE

Printed by Books on Demand GmbH, Norderstedt / Germany